总策划

方银霞

丛书主编

孙湫词

内容审定

王小波　丁巍伟　应俊　黄伟

照片提供

邱宇　杨驰　张旭德　夏寅月　韩博

"向海向未来"科普系列　　　自然资源部第二海洋研究所／组编

北极出差记

王嵘／著　　Ruoruo工作室／绘

浙江教育出版社·杭州

图书在版编目（ＣＩＰ）数据

北极出差记 / 王嵘著；Ruoruo工作室绘. -- 杭州 ：
浙江教育出版社，2024.6
ISBN 978-7-5722-7686-6

Ⅰ．①北… Ⅱ．①王… ②R… Ⅲ．①北极－儿童读物
Ⅳ．①P941.62-49

中国国家版本馆CIP数据核字(2024)第063678号

北极出差记
BEIJI CHUCHAI JI

王嵘/著　Ruoruo工作室/绘

责任编辑：王方家　　　　　　　　项目统筹：魏　嘉　王凤珠
美术编辑：韩　波　　　　　　　　策　　划：叶之蓁
责任校对：余晓克　　　　　　　　责任印务：沈久凌

出版发行：浙江教育出版社（杭州市环城北路177号）
印刷装订：浙江海虹彩色印务有限公司
开　　本：787 mm × 1092 mm　1/16
印　　张：5
字　　数：100 000
版　　次：2024年6月第1版
印　　次：2024年6月第1次印刷
标准书号：ISBN 978-7-5722-7686-6
定　　价：58.00元

如发现印、装质量问题，影响阅读，请与我社市场营销部联系调换。联系电话：0571-88909719

推荐序

1984 年 11 月，中国第一次南极科学考察启程，开启了我国极地科考事业的漫漫征途。迄今为止，中国已经开展了 40 次南极科学考察和 13 次北极科学考察，在南极建立了长城、中山、泰山、昆仑和秦岭 5 座科学考察站，在北极建立了黄河站，拥有"雪龙"号和"雪龙 2"号两艘专业的极地破冰船，让我们的科学家在世界极地科学考察的舞台上一展身手。

自然资源部第二海洋研究所（简称海洋二所）是中国首次南极南大洋科考的实施单位。40 年来，海洋二所的科学家从未间断对极地的探索，是我国极地科考的亲历者和见证者。在中国极地科考 40 周年之际，我们推出了《北极出差记》这本科普读物，其中故事取材于海洋二所的科学家参加中国历次北极科考的亲身经历，尤其是中国第 12 次北极科学考察的真实情景，并将北冰洋考察、冰站作业、北极海底调查和黄河站驻站观测等故事融合在一个航次中，展示了相对完整的北极科考概况，让孩子们对探索极地的最新科学手段有初步的认识。

极地科学是人类探索自然奥秘、探求新的发展空间的重要领域。我们探索极地，是为了更好地认识极地、保护极地、利用极地，为构建人类命运共同体做出贡献。希望孩子们能从书中得到启发，增长科考兴趣，长大后有机会成为一位海洋科学家，踏上神秘的两极去看一看，成为我国极地科考事业的接班人。

方银霞

自然资源部第二海洋研究所所长

2024 年 5 月

主要人物简介

希希爸爸

- □ 海洋研究所科学家
- □ 古气候学博士
- □ 经常去极地出差
- □ 喜欢看《海底两万里》

希希

- □ 小学二年级学生
- □ 爱好阅读
- □ 喜欢问很多问题
- □ 梦想成为爸爸那样的科学家

前 言

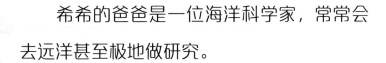

　　希希的爸爸是一位海洋科学家，常常会去远洋甚至极地做研究。

　　这次，希希的爸爸要去地球最北端的北极出差。她兴奋得蹦蹦跳跳，一边帮爸爸整理行李，一边开启了"十万个为什么"模式：

　　"爸爸要怎么去北极呀，是坐飞机去吗？"

　　"啊，坐船去啊？！是超级大的船吗？"

　　"那在海上会不会遇到海怪啊？"

　　"你们为什么要去北极啊？"

　　"爸爸，你能不能带一头北极熊回来呢？"

　　…………

　　希希的问题比爸爸装进箱子的行李还要多。爸爸答应希希，会把这次北极之旅记录下来，回来讲给她听。

人类的基因中镌刻着敢于冒险的烙印，早在没有轮船、火车或飞机的年代，我们的祖先就曾跨过大江、穿过戈壁、越过高山，探索未知的世界。

很多像希希爸爸这样的科学家都将参加北极科考视为梦想。因为北极藏着太多关于世界的秘密。

我们要了解北极，以便更好地保护北极。我们还要研究北极，好让天更蓝、地更绿、水更清、生态环境更美好，动物、植物和谐相处。这也是中国的极地科学家不断前进的信心和动力。

目　录

第1章

一路向北

（北纬30°—66°）

逐梦启航

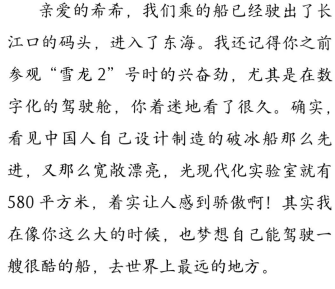

　　亲爱的希希，我们乘的船已经驶出了长江口的码头，进入了东海。我还记得你之前参观"雪龙2"号时的兴奋劲，尤其是在数字化的驾驶舱，你着迷地看了很久。确实，看见中国人自己设计制造的破冰船那么先进，又那么宽敞漂亮，光现代化实验室就有580平方米，着实让人感到骄傲啊！其实我在像你这么大的时候，也梦想自己能驾驶一艘很酷的船，去世界上最远的地方。

　　我猜你现在一定在兴奋地看着爸爸用铅笔标注的航线图——从上海出发，进入东海后再从对马海峡进入日本海，穿过日本海后从宗谷海峡进入鄂霍次克海，随后沿着堪察加半岛往东北穿过阿留申群岛进入白令海，横渡白令海峡后从楚科奇海进入北冰洋。

你知道吗？

船的航速

在 16 世纪，受限于当时的科学技术，很难准确测定船的航速。一位机智的水手想出了一种巧妙的方法：在船航行过程中，将一根系有浮体的绳索抛入海中，再根据一定时间内拉出的绳索长度来计算航速。为了提高航速测算的准确性，常常会放出较长的绳索，并在绳索上等距离地打结，使绳索平均分成若干个节，通过统计相同的单位时间内绳索被拉曳的节数，就可以更准确地算出相应的航速。于是，"节"逐渐演变为计量船航速的单位。

1 节 = 1.852km/h。我国科考船的航行速度一般为 12—18 节。

我国的北极科考船

¤"雪龙"号：中国第一艘极地科考破冰船。截至 2023 年，共参与过我国 9 次北极科考任务。

¤"向阳红 01"号：满足深海海洋科学多学科交叉研究需求的现代化海洋综合科考船，无破冰能力。参与过我国 1 次北极科考任务。

¤"雪龙 2"号：我国第一艘自主建造的极地科考破冰船，是世界上首次采用船艏、船艉双向破冰技术的科考船。参与过我国 3 次北极科考任务。

"雪龙"号总长167米，型宽22.6米，型深13.5米，总吨位15352吨，满载排水量21025吨，定员120人，续航力19000海里。

"向阳红01"号总长99.8米，型宽17.8米，型深8.9米，总吨位约4800吨，满载排水量4980吨，定员80人，续航力15000海里。

"雪龙2"号总长122.5米，型宽22.3米，型深11.8米，总吨位12366吨，满载排水量13996吨，定员101人，续航力20000海里。

海鸟与鲸

　　亲爱的希希，我们的航行始终与大海为伴，偶尔也有动物陪伴，来得最多的就是海鸟。

　　海鸟就像大海的使者，抚慰着船上每个人的心灵。虽然它们每次只是稍作停留，但是足以让我们借着这样奇妙的相遇，忘却一天的疲惫。

今天我们的船过了宗谷海峡，进入鄂霍次克海，我们非常幸运地看到了喷水的北太平洋露脊鲸，这是一种非常珍稀的鲸，我很兴奋地记录下来，想和你好好分享。和想象中不同，在辽阔的大海上，我们大多只能看到鲸露出背部喷水。

有一句话叫"一鲸落，万物生"，从科学的角度，我还想加一句"碳埋藏"。鲸死后庞大的身躯会把体内积攒的碳带到深海，帮助地球降温。

你知道吗？

北太平洋露脊鲸

　　在 19 世纪前，北太平洋露脊鲸分布广泛，数量繁多。但是在 1830 年至 1910 年期间，北太平洋露脊鲸遭到了大规模的非法捕猎，数量骤减，目前它们的数量只剩下 200 多头。世界自然保护联盟认为，北太平洋露脊鲸的数量已经减少到无法恢复的地步，它们的灭绝可能是无法避免的。北太平洋露脊鲸也因此成为濒危的海洋哺乳动物。

鲸如何帮助地球降温？

　　鲸是地球上最大的生物，它们的身体中储存了大量的碳，是海洋深处的"地球温度调节者"。鲸的一生不断地进食，将食物中的碳转化为身体的脂肪。鲸的粪便富含铁矿物，为浮游植物创造了富足的生长条件。浮游植物对地球大气有着巨大影响，它们处理了地球上约 40% 的二氧化碳。鲸死后，尸体沉到海底，储存在它们庞大身体中的碳从表层海水转移到深海，并在那里保存几个世纪，甚至更久。可以说，一头鲸的死亡造就了一个深海生态系统。由此可见，保护鲸不被捕杀是人类应对全球气候变暖的重要途径。

白令海峡

希希，今天我们抵达了著名的白令海峡。立在船头，左手边是俄罗斯楚科奇地区，右手边是美国的阿拉斯加，前面是北冰洋，后面是太平洋，迎面吹来的是北极的风。

很多研究认为，两万多年前的冰河时代，海平面降低形成白令陆桥，当时的人类沿着白令海峡从亚洲走向了美洲。虽然白令海峡距离陆地这么近，但直到1728年，才由丹麦的俄国探险家维他斯·白令发现，白令海峡、白令海、白令岛和白令地峡都是以他的名字命名的。

过了白令海峡，我们很快能穿过北纬66°34′线，进入北极圈啦！

进入北极圈后，我们会放探空气球。放探空气球主要是为了了解北极大气垂直结构特征，以便更准确地预测北极地区的天气和气候。有意思的是，大家还会在气球上写上一些纪念的话或者祝福语！

北极纪念
NO.100

你知道吗？

北冰洋

北冰洋又称北极海，是世界上面积最小、水深最浅、水温最低的大洋。它的面积仅为1405.6万平方千米，不到太平洋面积的十分之一。绝大部分的北冰洋洋面终年覆盖海冰，是地球上唯一的白色海洋。不要小看这个又小又浅的大洋，它影响着全球的气候。

以航海家之名

航海家是人类探索海洋的先驱，早期航海技术和导航技术落后，面对的又是没有任何地图资料的未知区域，许多航海家在航海途中遇难。后来的人们用各种方式纪念这些探索者，包括用"首次"到该地探索的航海家的名字来命名海峡。除了白令海峡，最出名的还有麦哲伦海峡。1520年，葡萄牙航海家麦哲伦在第一次人类环球航行中首次通过该海峡进入太平洋，后人为了纪念他，把该海峡称为"麦哲伦海峡"。

第2章

挺进极圈

（北纬66°—75°）

猜熊比赛

　　每次北极科考船上都会组织一些有趣的活动。今天，我就看到餐厅外贴出了猜熊比赛的公告，让大家猜一下今年我们会在哪天看到第一只北极熊。希希，你说北极熊会在哪天出现呢？

　　我们刚进入北极圈，海面上还没有冰，没有冰的地方是不会有北极熊的，因为北极熊需要借助冰面捕食和休息，它们不能像鱼一样一直待在水里，所以我就在竞猜表上写了三天后的日期。

　　凌晨3点，我被一阵"唰唰"声吵醒，感觉船身都在摇晃，这是船在破冰呢，原来这么快就有冰了。"北极熊会不会出现呢？"我的脑海里飘过了这个念头，可是实在太困了，在"唰唰"声中又睡着了。

6点半，船上的广播响了，船长说今年的第二只北极熊出现在船的左舷。我赶紧起床穿上"企鹅服"，带上望远镜跑到甲板上，可北极熊已经走远了。船长说，第一只北极熊早上5点半就来了，还在船边站立张望了许久，很多被船破冰声吵得睡不着的叔叔看到了它。

　　希希，虽然我错过了拿猜熊比赛冠军的机会，但没关系，我一定会看到北极熊的。

你知道吗？

海冰对北极熊的重要性

很多人都不知道，一般冰的覆盖面积达到 60%—70% 的海域才会有北极熊出没。北极熊的主要食物是海洋动物，虽说北极熊是游泳高手，但是碰上其他海洋哺乳动物那就是"小巫见大巫"了。因此在陆地上或一望无际的海面上，北极熊捕不到任何猎物，它们只有在海冰上才能捕到猎物。北极熊求偶、交配等活动都是在海冰上完成的，只有北极熊妈妈产子需要在陆地上完成，所以有些北极熊一生只有在刚出生的那几个月在陆地上生活，其余"熊生"都要依赖海冰而活。

冰山可不是海冰！

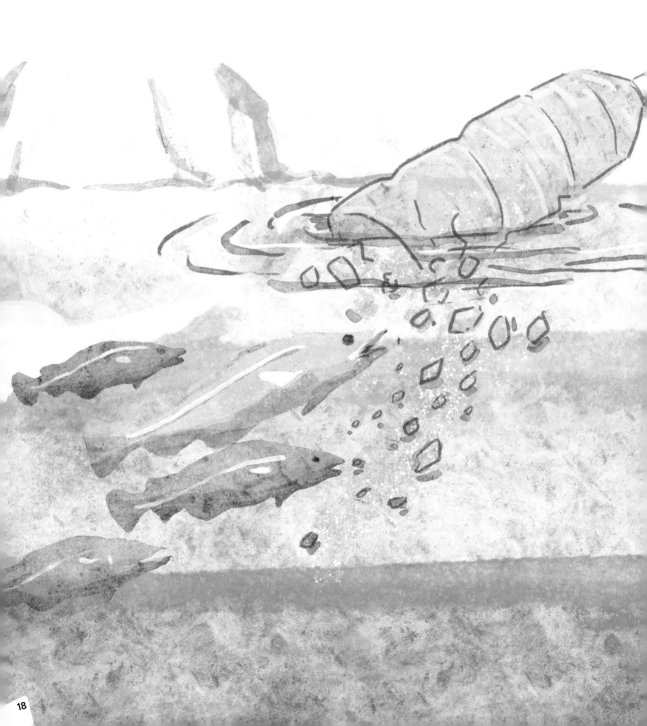

海洋塑料

希希，我今天要跟你分享一个让人难过的消息——我们刚刚在解剖北冰洋底栖鱼类时，通过显微镜发现鱼肠里含有微塑料颗粒。

2004年，英国科学家首次提出"微塑料"概念，指的是直径小于5毫米的塑料碎片和颗粒。实际上，微塑料的粒径范围从几微米到几毫米不等，形状多样，肉眼往往难以分辨，被形象地称为"海中的PM2.5"。

微塑料一般是人类丢弃的塑料制品经过长时间风吹日晒分解而成的小颗粒。每年大概有1000万吨塑料垃圾进入海洋，紫外线和海浪拍打会使塑料变成肉眼不可见的微塑料，然后洋流会使这些微塑料遍布整个海洋生态系统。

微塑料可吸附重金属和有机污染物，通过生物富集作用，由低级的浮游动物、小型鱼类一路通过食物链传递到大型鱼类、鸟类以及哺乳动物，对人类的潜在危害不容小觑。

　　微塑料竟然都到北极了，看来人类对大海的负面影响真是无处不在。

你知道吗？

为什么我们要"减塑"？

    一个苹果核完全降解大约需要两个星期；纸巾、报纸完全降解大概需要一个月；大多数塑料袋是由高密度聚乙烯制成的，降解时间超过 20 年；塑料瓶由聚对苯二甲酸乙二醇酯（PET）制成，降解时间极长，有可能需要 500 年以上。因此，在生活中，我们要减少一次性塑料制品的使用，并切实做好垃圾分类。保护环境从身边做起，从你我做起！

2 周

1 个月

2 个月

6 个月

5 年

20 年

500 年

追踪海冰

　　亲爱的希希，我们今天的任务是乘坐小艇，在大块的海冰上放置追踪器。这种追踪器有点像我们开车时用的导航，可以通过卫星定位海冰的准确位置，然后把信息发送给远在国内的科学家。

坐船上冰

电磁波信号不能穿透水体，但如果仪器放置在冰面上就完全没有问题。在海流、风的驱动和其他海冰的推搡下，追踪器跟着海冰一直移动，报告位置信息，最后随着海冰完全融化沉入海底。这样我们就可以实时监控海冰的位置，画出一道道美妙的轨迹路线，这些轨迹线其实蕴藏着很多地球的秘密！

北极的海冰是地球的"冷库"，它们能反射太阳的热量，从而调节地球的温度。海冰覆盖面积越小，地球表面对太阳辐射的反射就越少，吸收的热量就越多，气候就变得越暖和，这时海冰的消融就会更快。

我国位于北半球，天气和气候直接受到北极大气环流的影响。天气预报里常说的"不断南下的冷空气"，其来源正是北半球的高纬度地区，而北极则是北半球的最北端。希希，你之前老问我："为什么坏天气越来越多了？"其实这和北极变暖有关。因此，北极气候一直是我国气候预测研究的重点。

你知道吗?

"因祸得福"的北极

　　北极是受全球气候变暖影响最为显著的地区之一,其升温速度是全球平均速度的 2—3 倍。

　　全球变暖使得北极海冰持续融化。这导致经常在海冰边缘区活动的海豹越来越分散。以海豹为主要食物的北极熊就不得不通过"狗刨式"游泳在稀疏的海冰之间游走。

　　同样对于爱吃牡蛎的海象而言,它们在海底取食后,最舒服的事情就是回到冰上晒晒太阳打打瞌睡,海冰的持续融化意味着它们更难找到能承载其沉重躯体的海冰。它们只能退而求其次,窝在小小的滩涂上,这不仅不利于它们的繁殖,而且大大增加了相互踩踏的风险。

　　不过,全球气候变暖对北极而言,有着"积极"的一面。海冰之下的能源和资源因为海冰的融化而变得适宜开采;北极航道的适航天数正逐年增加,这对于维持贸易安全和供应链稳定有很大的作用。

破冰前行

希希，我们很多人一夜没睡，因为凌晨时分船开始强烈地震动，船舱里的东西掉了一地。这个震动来自科考船和冰之间的碰撞。越往北走，冰区密度和厚度都显著增加，这样的不眠之夜估计不会少。

早上我站在"雪龙2"号的甲板上，看着它凌晨开辟的船道在白茫茫的冰区中清晰可见，犹如一条直通北方的公路。但是这"公路"未免也太狭窄了，只有"雪龙2"号船身的宽度，而且两侧的冰层纹丝不动，中间塞满了密密麻麻的碎冰。

希希，你之前问过我："在都是冰面的海上，科考船怎么还能航行？"其实，我们的科考船具有破冰能力，让我们可以破冰前行。破冰并不是拿大锤子砸，而是靠"撞"和"压"。

科考船自身的质量很大，船头前方和下方都做了加厚、加固处理。遇到薄冰，直接开足马力就可以冲过去；遇到很厚的冰层，船往后倒退一段，留出足够的"助跑"距离，随后全力前冲，进而压破冰层，如此循环往复，直至破冰成功。所以破冰时船的航行速度极慢，一旦破冰速度赶不上结冰的速度，船可能就有被困住的危险。

这次我们也遇到了特别难破的冰层，你知道我们是用什么办法继续前进的吗？哈哈，那就是调整船头方向，向冰层薄一点的地方行驶。毕竟条条大道通北极！

你知道吗？

破冰船的破冰方式

□ 连续式破冰：以 2—3 节的航速，靠船艏、船艉螺旋桨的力量把冰层劈开撞碎而前进，这种方式适用于厚度不超过 1.5 米的冰层。

□ 冲撞式破冰：遇到厚度超过 1.5 米的冰层则是靠船体自身的质量将冰面压碎。

□ 摇摆式破冰：当船被卡在海冰中间时，会将压载水舱中的水从左调到右，再从右调到左，如此反复摇动破冰船，就像拔萝卜一样把船拔出来。

第3章

探索极地

（北纬75°—90°）

中华石狮

　　希希，今天我们来到了挪威斯瓦尔巴群岛上的新奥勒松，这是最靠近北极的一个小镇，据说这里的常住居民人口不到40人，但是来自十多个国家的几千名科学家曾到访过此处，所以新奥勒松也被称为北极科考小镇。我国首个北极科考站——中国北极黄河站就建在这里。

　　黄河站是一座红色的二层小楼，里面有实验室、办公室、宿舍、阅览室和储藏室等，在小楼的顶部还有五个小"阁楼"，被用于极光观测，是北极科考中非常重要的设施。

研究极光是黄河站的重点项目，也是目前中国唯一的越冬项目。从10月开始到次年3月，整个站上只有极光观测员一个人值守，观测、采集、整理极光数据。"他们的工作不分白天和黑夜。"这句话在这里根本说不通，因为极夜来临，这里基本上就一直处于黑夜状态。科学家无论睡觉、吃饭、工作，陪伴他的只有无尽的黑夜。

　　希希，你知道吗？黄河站也有一个"网红"打卡点，那就是黄河站外面的一对威武的中华石狮。将这对沉甸甸的中华石狮从国内越过千山万水运到北极，是多么不容易的事情。中华石狮的出现，不仅"守卫"了黄河站，还吸引了岛上世界各国科研工作者和游客的目光，大家都对这对充满中华传统文化底蕴的雕像产生了兴趣。凡是到这里的中国人都会在此留影，我们船上的成员也纷纷和石狮合影。

你知道吗?

《斯瓦尔巴条约》

　　北极的主体是北冰洋，也有一些岛屿，这些岛屿都有主权归属，比如我国的黄河站所在地——斯瓦尔巴群岛，它的主权就属于挪威。根据《斯瓦尔巴条约》，中国作为缔约国，有权利在该地区开展科学考察活动。就是说，挪威政府对这个群岛有行政管理权，而所有缔约国公民均可自由进出这个地区，可以在这个地区内进行任何不违反挪威政府法律的行为。

为什么要建黄河站?

　　北极科考活动是以考察北冰洋为主的，但是要想更全面、更完整地认识北极气候和环境变化，除了考察北冰洋之外，还需要对北极的地质、大气、冰川、冻土、生态等进行调查、观测与研究。这也是我国建立黄河站的主要原因。

海底扫描

前几天，我和同事们忙着在加克洋中脊做海底扫描。这个过程就像医生给我们体检时拍CT一样。

科考队向海水里发射一个巨大的"空气炮"，即人工地震信号，

所形成的巨大声波（电磁波无法穿透水体，声波是海洋探测的王牌）传到海底后，会反射或折射回来被海底地震仪（OBS）接收。我们此前已经陆续把40多个海底地震仪投放到作业区，过一段时间后回收，读取、分析海底地震仪接收到的相关数据，从而了解海底地壳结构情况。

投放和回收听起来好像很简单，但这次我们是在加克洋中脊作业，这个地区冰覆盖八成以上，而且50%以上是十成冰。什么是十成冰？就是我们目光所及之处全都是冰。每一块冰都特别厚，我们把冰破开的时候，可以看到翻起来的冰块有1米厚呢。投放海底地震仪的时候，我们需要在特定的坐标上寻找融池，实在找不到就只能把厚冰破开一个小口子，把设备投下去。

最困难的还是回收过程，等我们的船几天后回到这个投放地点时，破开的小口子早就和周围的冰连成一片了，只能靠"雪龙2"号强大的破冰能力把定位附近的冰都破开，在大片碎冰中寻找。我记得最久的一次，全船上下找了近8个小时才发现了小小的海底地震仪。

你知道吗？

洋中脊

我们都知道陆地上最长的山脉是位于南美洲西部的安第斯山脉，长约 8900 千米。但是，要说地球上最长的山脉，恐怕很少有人知晓。因为它隐匿在深海，只有把海水抽干，我们才能看到它，它就是洋中脊——在大洋底部线状延伸的海底山脉。

世界上扩张速率最慢的洋中脊是加克洋中脊。世界各国的科学家在其他洋中脊上都有所研究，唯独对加克洋中脊的研究是一片空白，因为它以前完全被冰覆盖。

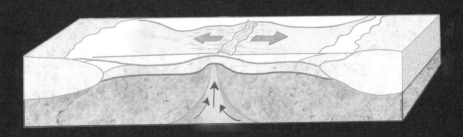

地球顶端

亲爱的希希，今天我们突破了海冰的重重阻隔，终于抵达了地球的最北端——北纬90°！

地球不停地自转，这也是日夜交替的原因，而北纬90°这个北极点就是地球自转轴最北边的点。现在是夏天，太阳直射点在北半球，无论地球怎么转，北极很多区域都始终在太阳的照射下，这就是极昼。这个点的四面八方都是南面，看地图时常说的那句"上北下南左西右东"，在这里也不再适用。只有用仪器才能精确测量北极点的位置。

今天我们好多人都围着北极点打转，你知道为什么吗？因为我们只要绕着北极点转一圈，便可自豪地宣称自己已经绕地球一圈啦。

哎呀，不说了，我还是多绕地球几圈去喽。

你知道吗？

北极点

　　地球是一个球体，太阳始终能照射半个地球。在夏季，太阳直射北半球（夏至太阳直射点最北，约在北纬 23°26′），当地球自转形成昼夜时，北极总有一块区域始终能见到太阳光。北极点位于北纬 90°，是地球的最北端，常年堆积着厚厚的冰层，一眼望去还以为是一片白色的海洋。通常来说，这里的海冰是永远不会完全融化、露出海水的，但随着全球变暖加剧，北极点的海冰也在变薄。

深海探宝

　　希希，今天我们做了一项极具挑战性的工作——深海探宝。我们利用重力取样器，从冰下海底世界采集沉积物。

那么，深海沉积物里到底隐藏着什么秘密，能够不断地吸引人们进行取样，开展科学研究呢？深海沉积物记录了很多的信息，比如地球地质演化过程、气候环境变化等。里面甚至含有丰富的多金属结核、稀土等多种金属矿产，具有广阔的开发和利用前景。以稀土资源为例，据初步估算，太平洋深海沉积物中的稀土资源量约是已知陆地稀土资源量的 1000 倍。深海稀土最早在 2011 年由日本科学家发现于太平洋，此后引起世界各国的广泛关注。

　　由于沉积速率极其缓慢（一般每千年沉积 0.1—10 厘米），深海沉积物记录了百万年的海洋地质演化历史，这就像年轮对树的记录一样。过去是打开未来之门的钥匙，深海沉积物可以帮助我们了解地球过去的历史，预测地球的未来。因此，对科学家来说，它们如同宝藏一样珍贵。

你知道吗？

冰与火的世界

　　其实在北极寒冷的冰下并不是平静的，还会有活跃的火山活动，当北极海底发生火山喷发时，炽热的岩浆遇到冰冷的海水，就会马上凝固，形成火山熔岩，火山熔岩的成分是玄武岩。

　　这些不同形状的石头，是火山在不同状态下喷发而成的。当海底火山"温柔"的时候，它会慢慢地把岩浆流出来，形成一些像河流一样的熔岩，又像一条条黑色的丝带。当海底火山"生气"的时候，它会突然地把岩浆喷出来，形成一些碎裂的火山碎屑，就像一团团黑色的爆米花。

冰上科考

希希，今天"雪龙2"号"坐"在了一块很大的冰面上。当船体"坐"在坚实的冰面上，就意味着我们可以下船到冰面上进行综合性科考了。

经过这么多天的航行，科考队员总算踏上了一块坚实的不晃动的平台，大家穿上厚厚的"企鹅服"，分成多个小组下到冰面，有的去布放设备，有的去融池采集水样，有的去钻取冰芯样品。

在冰上作业，最担心的是北极熊突然出现。北极熊速度极快，又会游泳，万一从哪个冰窟窿里钻出来，以百米赛跑冠军的速度冲向科考队员，那麻烦就大了。所以，每次冰上作业都会有科考队员担任防熊队员，他们主要在驾驶台等高处向远方瞭望。

我今天的任务是在布放声学设备时拍摄视频，处于离船最远的位置。任务快结束时，"雪龙2"号忽然拉响了汽笛，有经验的老队员马上反应过来，说："熊来了，快撤！"我赶紧跟着大家往回跑，因为"企鹅服"很厚重，积雪也很深，实际上想快跑起来是很艰难的。

等回到船上，我才知道，防熊队员是一位视力非常好的叔叔，他用望远镜看到几千米外有一只北极熊正在远远看着我们，所以船长才拉响了汽笛通知大家撤离。希希放心，这只北极熊最后并没有向我们靠近，即便过来了，我们也不会伤害它，如果来不及跑回船上，我们会到冰面上的"苹果屋"里，等好奇的北极熊离开后再出来工作。

你知道吗？

苹果屋

　　"苹果屋"是我国北极科学考察中冰上作业的主要装备，主要用于防御北极熊的袭击，同时可以存放冰站作业科考设备、工具，还可供作业人员短暂休息。

　　"苹果屋"因其外形像个苹果而得名。"苹果屋"有红色的，也有绿色的。其占地面积通常为 6 平方米，可防雨雪，地面是防水地板，海冰一旦裂开，"苹果屋"仍能在水上漂浮。

第4章

雪龙南归

（北纬75°－30°）

回收潜标

　　希希，我们已经结束在高纬度地区的科考任务，准备回程了。今天，我和同事们一起在楚科奇海回收了一套锚碇式潜标系统。这套系统布放了整整一年，里边有一个沉积物捕获器，会收集大海上层落向海底的各种微小生物，还有一些海洋生物的尸体、灰尘和矿物质等。科学家用这些来研究一年中楚科奇海颗粒有机碳的生产、输出以及再循环的变化过程。

我们无法一年四季都开展北极科考。通过锚碇式潜标系统，可以获取观测点的长期资料，例如大量丰富的海洋水文、海洋生物和海洋化学等数据，有效地帮助科学家掌握海洋在不同时间的变化规律，尤其是冬季冰下海洋的变化规律，弥补了船舶调查获取资料时在时间和空间尺度上的不足。

没有来北极之前，我们本以为会在这里发现大量新物种。但通过沉积物捕获器收集的数据，我们发现北冰洋的生态系统种群单一，数量并不大。浮游生物与微生物构成了北冰洋食物链的基础。这或许是因为北冰洋与其他大洋相连的地方比较少，相对封闭吧。

你知道吗？

锚碇式系统

　　锚碇式系统是海洋环境监测和观测的重要技术手段，具有观测时间长、隐蔽、不易受海面气象条件影响等优点。锚碇式系统一般可分为潜标和明标。由于极地地区冰山、浮冰密布，漂移方向不定，采用明标可能会产生缆绳断裂以及仪器丢失等问题，风险较大，所以在极地海域布放的锚碇式系统一般以潜标为主。

遇见极光

　　希希，我们之前在北冰洋，处在极昼区，24小时都是白天，让我们都感觉恍惚了。现在往南走，加上进入九月，太阳直射点也在往南走，我们终于能看到黄昏了，而这个时候也最容易看到极光。

　　那天傍晚，尚有点余晖，我走到室外，看到半空中挂着一道隐隐的条带，一开始还以为是夜光云，旁人告知那便是极光。

　　我赶紧打开手机摄像头，果然通过屏幕可以清晰地看到绿色的条带，似乎是静止的，仔细观察会发现它其实在缓缓地流动。除却天边流动的淡淡极光，天顶还有丝状的夜光云在空中流荡，而海冰水平如镜，倒映出与天空几乎一致的景致，美得让人窒息。

其实，极光是宇宙中的高能粒子，被地球磁场吸引，与高层大气中的原子碰撞形成的发光现象。

不同类型的粒子在被碰撞后会产生不同的颜色，比如氧会发出绿色和红色的光，氮会发出蓝色的光。而在所有颜色中，我们人类的眼睛对绿色的光最敏感，所以当我们看到极光时，绿色最为亮眼。

那些专门研究极光的科学家会在越冬时彻夜不眠地观察包括极光在内的各种天文现象。而我们看到极光时，像一群快乐的大孩子！

你知道吗？

极光的颜色是由什么决定的？

　　大气中氮和氧的含量决定了极光的颜色，而氮和氧的含量又与海拔高度有密切的关系。目前有记载的极光颜色根据海拔从高到低依次是红色、黄色、粉红色、绿色、蓝色和紫色。

　　我们所看见的极光反映了太阳与地球之间的相互作用。极光本身颜色美丽，也没有什么危害，但是越绚丽的极光背后是越强烈的磁暴。磁暴是太阳风对地球磁场的扰动，这会使得地面一些和磁、电相关的通信、发电设备受到干扰。同时一些靠磁场来导航的动物也会因此受影响，比如信鸽，如果磁暴很强的话，信鸽飞出去就有可能飞不回来了。

超长待机

经过连续几十天的远洋科考，我们带上船的新鲜蔬菜、水果已经吃得所剩不多了，蔬菜只剩下大白菜、土豆和洋葱，水果也只剩下苹果了。你肯定会很好奇，平时蔬菜、水果即使放冰箱也只能够保存一个星期左右，为什么船上的蔬菜、水果可以保存那么长时间？

"雪龙2"号是我们国家最先进的极地科学考察船，拥有一个非常神奇的箱子——气调保鲜箱，它配备蔬菜保鲜系统，能使蔬菜"超长待机"。这个系统通过充少量氮气来抑制蔬菜的呼吸作用，类似于让蔬菜处于一个缺氧的状态，它比冰箱的保鲜能力强多了，让科考队员们在两个月后还能吃到碧绿的小青菜。不过这个神奇的箱子必须在航行的一个月后才能打开！

我们科考队还有一个非常有意思的规定：每个科考队员都要轮流去厨房帮忙。我的任务是给鸡蛋"翻身"，让鸡蛋里面的蛋黄动一动，防止蛋黄与蛋壳粘连，这样能延长鸡蛋的保存时间。但即使这样，我们还是会发现不少"坏蛋"！

为了补充蔬菜的品种，"雪龙2"号的厨师们还发动船员和帮厨队员开展种蘑菇活动。蘑菇的适植环境需有90%的湿度，但船上湿度只有40%。办法总比困难多，在大家的悉心照料下，部分菌包顺利萌出，而且长势喜人。我们很快就吃上了新鲜的蘑菇。

你知道吗？

科考船上垃圾如何处理?

　　科考船上的垃圾也会进行分类，而且有非常细致和严苛的规定。船上有各种垃圾箱，分别放置金属垃圾、塑料垃圾、玻璃垃圾、焚烧垃圾等。船上还设有焚烧炉间，将一些小的纸板烧为灰烬，然后装袋带回国。其他垃圾可以直接打包，而厨余垃圾则先烘干，转变成颗粒后再打包。待船只停靠码头后再将打包好的垃圾运走处理。

新的征程

　　希希，我们的船已经在长江口外的锚地等待明天进港。时隔三个月，手机终于有信号了，我第一个电话就打给了你和妈妈。今天我留在船舱中写这次科考的最后一篇日志。

　　回来并不意味着科考的结束。我们这次收集到的宝贵样品和数据要尽快整理，以便开展后续的研究工作。"雪龙2"号马上要进船厂维修保养，换修配件，把船底附着的生物刮一刮，为两个月后的南极科考做好准备。

这是我第一次乘坐"雪龙2"号参与科考活动。在破冰船领域，我们虽然取得了长足的进步，但还不算世界最强。俄罗斯是距离北极最近的国家之一，一直以来破冰船的技术就很发达，目前为止，世界上最强的破冰船还是俄罗斯的核动力破冰船"北极"号。

　　生命不息，探索不止。孩子，未来属于你们，努力加油吧！我也有了新的科学想法，要马上写出来，在下一次的北极科考中去实践！

你知道吗？

"冰上丝绸之路"

"冰上丝绸之路"指的是穿越北极圈，连接北美、东亚和西欧三大经济中心的海运航道，主要包括经过俄罗斯海域的"东北航道"、经过加拿大海域的"西北航道"和穿越北冰洋中心海域的"中央航道"三条航道。这三条航道中，"中央航道"被厚厚的冰层覆盖，通航条件差，各国关注的主要是"东北航道"和"西北航道"，中俄倡议合作开发的是位于俄罗斯北部沿海的"东北航道"。

2018 年 1 月 26 日，中国政府发布的首份北极政策文件《中国的北极政策》白皮书指出，中国愿意依托北极航道的开发利用，与各方共建"冰上丝绸之路"。中俄是共建"冰上丝绸之路"的倡导者、实践者和推动者。如今"冰上丝绸之路"已经成为中俄"一带一盟"对接的重要环节，共建"冰上丝绸之路"将推动中俄新时代全面战略协作伙伴关系不断迈上新台阶。

后 记

　　我早些年出海的时候，船上往往没有网络或者信号非常不稳定，海上作业分几班倒，"人歇船不停"。那时候我看什么都新鲜，总想着把看到的景象记录下来，回家告诉孩子。因此，在我值完班后的空余时间，写下了不少素材。

　　近几年，我一直从事北极的科研和科普工作。刚开始做科普的时候，我照着做学术科研的形式，在每一次分享前精心准备电子幻灯片。但很快我发现，大部分科普受众是低龄孩子，灌输知识点既低效又无趣。怎么用孩子听得懂的方式和他们交流，成了我一直思考的问题。

　　后来浙江教育出版社提出了"向海向未来"科普系列的出版计划，希望让孩子们了解极地科考以及海洋的基本知识。我很荣幸担任《北极出差记》这一册的作者。经过多轮的头脑风暴后，我们明确了图书的叙述方式，就是以一个父亲的口吻，为女儿记录北极科考路上的作业、生活和各种体验的精彩瞬间。

2024 年恰逢我国极地科考 40 周年，我所在的自然资源部第二海洋研究所是中国极地科考的先驱和主力。我上一次去北极还是 2016 年的中国第 7 次北极科学考察，这 8 年间，"雪龙 2"号和各种新设备广泛入列，北极科考蓬勃发展。本书有大量情节是以海洋二所的科学家们亲历的中国第 12 次北极科学考察积累的资料为基础创作的，他们的辛勤工作丰富了本书的科学性和艺术性。

　　本书的顺利出版，要感谢 40 年来所有的中国极地工作者，是他们不畏艰难的精神鼓舞着一代又一代的科学家探索自然奥秘，勇攀自然高峰。还要感谢浙江教育出版社的编辑们一直以来耐心而又专业的沟通协调，以及 Ruoruo 工作室绘制的精美插画，使这本书以如今的姿态呈现在你们面前。最后，也感谢我的家人一直以来的支持和陪伴。

　　我现在已经有两个孩子，我会一直把海洋和极地的故事讲给他们听，讲给更多的孩子听。

王嵘

2024 年 4 月